À qui profitent les OGM ?

Jacques Testart

À qui profitent les OGM ?

Le tournant de l'« affaire Séralini »

CNRS ÉDITIONS
15, rue Malebranche – 75005 Paris

ISBN : 978-2-271-07669-4

Sommaire

Il est toujours imprudent pour une croyance de faire son nid dans un coin obscur de la science…

La vérité tient toujours en réserve de quoi donner un peu de revanche à ceux qui furent du mauvais côté…

Jean Rostand

INTRODUCTION

Depuis plus de 15 ans, une controverse soutenue et parfois violente agite la France. Nos voisins proches et d'autres plus lointains (dont les États-Unis qui en sont à l'origine) nous regardent avec étonnement : pourquoi ces Français ne veulent-ils pas d'OGM, au contraire de presque tout le monde[1] ? Au départ de la fronde, il y eut un groupe de paysans, mené par un Gaulois à moustache. Imagine-t-on que la résistance longue aurait pu survivre aux coups de matraque et aux procès sans l'obstination de ceux-là ? De manif en fauchage, une opposition vigilante s'est constituée, un peu de bric et de broc, et est devenue majoritaire dans le pays tout en demeurant composite : les paysans bio, quelques scientifiques, des consommateurs inquiets, beaucoup d'écolos et même certains créationnistes… La mayonnaise a pris, sans que quiconque cherche à théoriser le rapport

---

1. La contagion du refus a largement épargné le continent américain (qui cultive 80 % des plantes transgéniques dans 8 pays) mais s'est étendue en Europe et a gagné ailleurs, comme en Inde.

étrange entre l'huile et les œufs, alors que le panier était plein des œufs de poules pas toujours compatibles. Certains prêchaient le respect absolu de la Nature, comme si elle avait conservé sa virginité en ce début du troisième millénaire, d'autres se partageaient entre les menaces environnementales (prouvées) et sanitaires (incertaines) ou encore les bouleversements socio-économiques (évidents) qui arriveraient si l'on acceptait les plantes transgéniques. Pour la population, c'est-à-dire les consommateurs potentiels de ces OVNIs que personne n'avait demandés, la question était et demeure à ce jour : « *est-ce qu'on peut en manger sans risques* ? » d'où la focalisation militante sur un possible risque alimentaire, un thème unificateur pour toutes les tendances d'opposants aux OGM.

De mobilisation en mobilisation, une question restait en veilleuse : et si, plutôt que s'épuiser à chercher la malignité des plantes transgéniques, on exigeait de ceux qui veulent nous les imposer de démontrer leurs avantages ? Qu'ils ne se contentent pas de prédire des lendemains qui chantent grâce au gène miraculeux qui permettrait aux plantes modifiées par la science-qui-sait-tout de pousser sur les rivages salés ou sur les sables du désert, un créneau déjà pris par le professeur Tournesol depuis les années 1960 puisqu'il expliquait qu' « *il n'est pas trop ambitieux de dire que, dans une dizaine d'années, nous ferons pousser dans le sable non seulement des oranges bleues [...]*

mais toutes les grandes cultures indispensables à la vie de l'homme[2] ». On peut juger dérisoire cet acharnement de savants contemporains à se déguiser en super Tournesol, puisqu'ils ajoutent à la promesse de leur maître celles des « bananes vaccins » qui nous protègeront silencieusement tandis que nous jetterons leurs peaux vengeresses sous les pattes des écologistes attardés qui n'y croyaient pas, ou la promesse du « riz doré » qui apportera la vitamine A indispensable à tous ceux qui sont capables d'en manger quelques kilos chaque jour, etc.

Messieurs les bienfaiteurs de l'humanité à coups de plantes brevetées, s'il vous plaît, dites-nous *ce que vous savez faire aujourd'hui* ! Personne ne vous empêchera de continuer à bricoler sur vos paillasses pour tenter de réaliser ces promesses, mais où en est-on pour de vrai ? La question est d'importance parce que, si l'on interroge des citoyens au hasard, ceux qui ne sont pas vaccinés contre la vieille ficelle de la promesse vous expliqueront que les OGM permettent d'augmenter la productivité, bien utile face à la surpopulation à venir, même si la terre est trop salée, trop sèche, ruinée par les engrais. Et qu'en plus, ça donne des produits de meilleure qualité, bien homogènes, sans salissures sur la peau. Le plus étonnant dans les technologies en échec c'est la prégnance de la propagande qui les a fait naître.

---

2. *Tintin et les oranges bleues*, Casterman, 1965.

Il y a une douzaine d'années le généticien Axel Kahn qui fut président de la Commission du génie biomoléculaire (CGB en charge de l'évaluation des OGM) et directeur scientifique de Rhône Poulenc, m'avait reproché, en tant que membre du comité national d'éthique, le recours à une nouvelle technique de procréation assistée (l'ICSI ou injection du spermatozoïde dans l'ovule en cas de spermes très déficients) laquelle avait déjà fait naître des bébés normaux en Belgique. Il s'agissait là, disait-il, d'« essais d'homme » inadmissibles. J'avais répliqué que, si toute nouvelle technologie présente des risques, on ne recourrait à l'ICSI qu'à la demande pressante de patients stériles complètement éclairés. Et posé la question : qui a demandé à consommer ce maïs transgénique que la CGB a autorisé malgré les contestations ?

Le but de ce petit livre, c'est de démasquer la stratégie de ceux qui veulent nous imposer quelque chose dont nous n'avons aucun besoin. Osons exiger que le rapport bénéfices/risques des plantes transgéniques soit évalué comme pour les médicaments. Si, à cette question, on ne répond que par des promesses, alors nous en poserons une autre : à qui profitent les plantes transgéniques ? Car il n'est pas justifié de prendre le moindre risque là où il n'y a aucun bénéfice. Postuler que toute innovation est potentiellement bénéfique, c'est réduire l'appréciation économique et éthique à une expertise de dangerosité.

Nous évoquerons ici l'article récent de l'équipe de Gilles-Éric Séralini qui a renouvelé la controverse sanitaire en montrant la toxicité d'un maïs GM et de l'herbicide associé, mais qui surtout oblige à s'interroger sur les conditions d'autorisation des semences transgéniques. Car son étude, même imparfaite, vaut mieux que celles des industriels dont les défenseurs des biotechnologies se suffisent. Il y a là un tournant dans le débat : si certains ont abusé de la vérité scientifique pour imposer des produits mal testés, c'est selon leurs intérêts qui ne sont pas les nôtres. Alors il va devenir impossible de maintenir le système d'expertise qui permet de telles dérives. Quittant les querelles entre experts, la controverse va se politiser et la population va enfin exiger des réponses claires aux vraies questions. D'abord celle-ci : *À qui profitent les plantes transgéniques ?*

Les OGM aujourd'hui

OGM et PGM

Les organismes génétiquement modifiés (OGM) sont des êtres vivants dont le génome a été artificiellement manipulé afin, le plus souvent, d'y introduire un ou plusieurs gènes étrangers. Cette manipulation, dite *transgenèse*, a pour but d'obtenir des qualités inédites et il existe trois catégories d'OGM qui ne sont pas comparables en termes de risque et d'intérêt pour les populations[1].

Les OGM cultivés en fermenteur (incubateur clos) sont des levures ou bactéries, ou encore des cellules isolées d'organismes pluricellulaires. Par transgenèse on leur a fait acquérir la propriété de synthétiser des molécules d'intérêt médical ou industriel. Nombre de médicaments sont obtenus ainsi, dans un système qui a démontré son efficacité sans provoquer de désagréments.

---

1. Voir Jacques Testart et Frédéric Prat, *OGM: promesses et désillusions*, Futuribles, 383, mars 2012; Christian Velot, *OGM, tout s'explique*, Goutte de sable, 2009.

Ces OGM profitent aux industriels comme à la communauté humaine dans son ensemble. C'est certainement pourquoi ils ne font pas l'objet de controverse.

Une autre catégorie d'OGM est constituée par des organismes animaux ou végétaux qu'utilisent les laboratoires de recherche. Ces cobayes GM sont des modèles conçus pour comprendre des mécanismes normaux ou pathologiques et pour tester des molécules thérapeutiques. On peut par exemple induire génétiquement une maladie humaine chez une souris qui deviendra l'objet de telles études. Ces OGM-là, comme les précédents, sont contenus dans des espaces protégés, de l'animalerie au laboratoire, et leur contact avec le vivant extérieur est quasiment impossible. Ils ne sont contestés que par des personnes opposées à toute expérimentation animale. Puisque leur apport à la recherche scientifique et médicale est important, on considère qu'ils profitent à l'humanité.

La dernière catégorie d'OGM est constituée, outre les plantes génétiquement modifiées (PGM), par des animaux d'élevage (saumons, bovins…), le plus souvent à croissance accélérée, et même par des insectes comme les moustiques GM dont des milliers de mâles sont déjà libérés dans certains pays (Malaisie) pour féconder les femelles sauvages en produisant une descendance non viable. Chacun de ces animaux justifierait un débat pour évaluer son impact sur les sociétés humaines et leur environnement. Mais ce sont les PGM qui alimentent depuis une quinzaine d'années des controverses parfois violentes, attribuées abusivement aux « OGM », et c'est seulement d'elles qu'il sera question ici. Les PGM sont destinées à remplacer les plantes traditionnellement cultivées et sont donc disséminées dans les champs où elles risquent d'interférer avec d'autres organismes. Outre des effets démontrés sur des organismes sauvages ou cultivés[2], les PGM ne sont peut-être pas sans risque pour les animaux ou les humains qui les consomment[3]. Surtout, elles modifient fortement l'économie agricole (brevets, productivisme…) et le rapport à la nature (fonction du paysan, biodiversité…). La revendication de Monsanto de faire appliquer le droit des brevets sur des jambons de porcs nourris avec des PGM – ce qui a été heureusement refusé par la Cour de justice européenne en juillet 2010 – montre bien l'ambition de l'industrie biotechnologique de monopoliser l'agriculture et l'alimentation mondiale. En l'absence d'intérêts démontrés des PGM pour les populations, la balance bénéfice/risque leur est clai-

---

2. Des PGM produisant un insecticide peuvent décimer des insectes non ciblés et la culture de PGM, selon qu'elles produisent un insecticide ou sont tolérantes à un herbicide, est à l'origine de résistances à ces pesticides ou herbicides respectivement chez des insectes ou des plantes sauvages.

3. Jacques Testart et Yves Chupeau, *OGM: quels risques ?*, Prométhée, 2007.

rement défavorable mais cette pesée a été jusqu'ici soigneusement évitée. Les PGM profitent un peu à de gros agriculteurs (surtout par économie de main-d'œuvre) et beaucoup aux firmes qui les fabriquent et les vendent.

Évaluations et autorisations

La structure d'expertise longtemps en charge des OGM en France, la Commission du génie biomoléculaire (CGB), composée d'experts largement en faveur des PGM, a été remplacée en 2008 par le Haut conseil des biotechnologies (HCB). Le HCB est une structure originale puisqu'elle comporte un Comité scientifique (CS) et un Comité économique, social et environnemental (CESE), avancée notoire dans le système d'évaluation (voir p. 60). Alors que la CGB entérinait sans état d'âme les choix de l'Agence européenne de sécurité alimentaire (EFSA), le HCB s'inscrit dans le principe de précaution en demandant par exemple l'étiquetage des produits issus d'animaux nourris avec des PGM ou la communication des données expérimentales qu'a obtenues le commanditaire afin de réaliser des analyses statistiques en vue de l'agrément. On peut apprécier la réelle avancée que représente le HCB en citant par exemple quelques points critiques soulevés dans son évaluation du maïs insecticide GA 21 de Syngenta en mai 2012 : le Comité scientifique note que les analyses statistiques sont déficientes (manque de puissance), que la toxicité n'a pas été évaluée avec le maïs GM lui-même mais avec une protéine bactérienne supposée d'effet comparable, et surtout que la transgenèse a conduit à des modifications imprécises et non maîtrisées du génome : six gènes (dont 3 sont des copies tronquées mal définies) se sont introduits plutôt qu'un seul, et une séquence d'ADN de chloroplaste (organite cytoplasmique des cellules végétales) s'est aussi insérée accidentellement. Cela fait beaucoup d'imprévus pour une technologie prétendument maîtrisée... Pour sa part, le Comité économique, social et environnemental du HCB fait remarquer les coûts induits par la coexistence des cultures GM et non GM et s'interroge sur la pérennité de la stratégie agricole qui utilise des PGM tolérantes aux herbicides, laquelle induit des résistances chez les « mauvaises herbes ». Le gouvernement français devra exprimer une position sur l'autorisation par la Commission européenne de cette PGM et on imagine mal qu'elle puisse être favorable. À côté du HCB, une autre structure évalue les OGM : l'Agence nationale de sécurité sanitaire de l'alimentation et du travail (ANSES) que nous évoquerons plus loin.

Mais c'est l'Agence européenne de sécurité alimentaire (AESA ou EFSA en anglais) qui règne sur la culture ou l'importation de PGM dans l'Union européenne en délivrant des avis à la Commission. Seulement deux plantes sont actuellement autorisées à la culture par la Commission européenne : le maïs MON 810 et la pomme de terre Amflora de BASF. La première fabrique un insecticide dont certains effets indésirables ont été décrits[4] et la seconde, dont la teneur en amidon est modifiée, est à finalité industrielle et non destinée à la consommation. Les conditions scientifiques ayant justifié l'autorisation du MON 810 ont été récemment analysées de façon critique[5].

Bien d'autres PGM qui ne sont pas autorisées pour la culture le sont pour l'alimentation : il s'agit de maïs, coton, colza, soja, betterave ; en complément un œillet GM est autorisé pour l'importation/transformation. Ainsi, en une quinzaine d'année l'EFSA a donné son feu vert à plusieurs dizaines de PGM, sans en refuser aucune… Même des constructions comportant plusieurs gènes empilés grâce au croisement de PGM différentes ont reçu l'approbation de l'EFSA, sans évaluation de ce mélange autrement que, par exemple, une étude de 42 jours sur le poulet pour tester un maïs (Smart Stax) fabriquant 6 insecticides et tolérant 2 herbicides !

---

4. Outre les lépidoptères parasites ciblés, d'autres papillons, une coccinelle et l'abeille seraient victimes de cette PGM selon des travaux que récuse la multinationale.

5. Frédéric Jacquemart, *Expertise des OGM : l'évaluation tourne le dos à la science*, inf'OGM/ GIET, 2012.

Pendant longtemps les États européens n'ont pas eu le pouvoir de refuser la culture d'une PGM autorisée par la Commission mais les débats occasionnés en 2008 par le refus de la France de cultiver le maïs MON 810 ont légèrement assoupli cette obligation : depuis juillet 2010, la Commission permet aux États de refuser une PGM pour des motifs éthiques ou sociaux, l'appréciation des risques sanitaires ou environnementaux demeurant le privilège de Bruxelles.

Sur demande de la Commission, à l'instigation surtout de la France, l'EFSA doit renouveler les procédures d'évaluation des PGM mais elle tarde à finaliser de nouvelles règles. Outre ses réticences pour améliorer les tests d'évaluation, l'EFSA ne semble pas décidée à suivre les recommandations et rendre publiques les études de référence, ni à prendre en compte l'impact socio-économique de la culture de PGM. Bien plus, alors que des inquiétudes surgissent sur l'innocuité des PGM, le vent souffle plutôt dans le sens d'un allègement des procédures… Ainsi, une philosophie venue d'Outre-Atlantique, avec la bénédiction des industriels, prêche *l'équivalence en substance* d'une PGM avec la même plante non GM (isogénique) comme critère suffisant d'innocuité sanitaire et environnementale : si l'analyse chimique montre que les éléments constitutifs de la PGM sont équivalents à ceux de la plante témoin (consommée traditionnellement) il n'y aurait aucun risque pour la santé et l'environnement, une affirmation qui ignore le risque pathogène de protéines « équivalentes » par leur composition chimique (en acides aminés) mais conformées différemment (comme la protéine prion ou les protéines allergènes). Avec cette philosophie pseudo-scientifique mais qui a l'avantage de simplifier considérablement les tests d'innocuité, on pourrait se régaler de la viande des vaches folles en négligeant les terribles dégénérescences nerveuses qu'elle occasionne.

Aspects économiques

La plupart des informations disponibles sur la culture des PGM au niveau mondial proviennent du rapport annuel de l'International service for the acquisition of agri-biotec applications (ISAAA), un organisme financé par l'industrie des biotechnologies et quelques États (principalement les États-Unis). Ces bilans sont clairement établis pour démontrer l'acceptation croissante et les avantages considérables des PGM alors que l'opposition augmente en de nombreux pays. Par exemple, 6 pays européens ont banni le maïs MON 810 en 2009 et nombre de pays africains ou asiatiques refusent des cultures de PGM (coton, aubergine...). L'ISAAA reconnaît qu'aucun nouveau pays n'a cultivé des PGM en 2011 par rapport à 2010. Il reste que les plantes transgéniques occupent 2,6 % des surfaces cultivées mondiales, surtout des espaces dédiés à la monoculture intensive et hautement mécanisée dans trois pays (États-Unis, Argentine et Brésil).

La quasi totalité des PGM cultivées sont destinées à tolérer un herbicide (89 % des PGM aux États-Unis) ou à produire un insecticide, quand elles ne possèdent pas ces deux fonctions à la fois. 99 % d'entre elles sont destinées à nourrir des animaux ou des moteurs (agrocarburants), si bien que les humains, surtout européens, consomment relativement peu de produits GM, et le font surtout sous forme d'ingrédients dans les produits alimentaires, mais la dose fait-elle le malade ? Après une quinzaine d'années de cultures commerciales, le marché est piloté par des compagnies multinationales qui fabriquent et vendent les semences et les herbicides qui leur sont associés, double bénéfice ! Ainsi les ventes de Roundup, l'herbicide de Monsanto dont le brevet est tombé dans le domaine public en 2000, ont été multipliées par 15 entre 1994 et 2005 et représentaient 48 % du chiffre d'affaires de Monsanto en 2008 selon l'ONG Friends of the earth, un chiffre d'affaires qui s'élève en 2011 à 11,8 milliards de dollars. En même temps le prix des semences de soja GM tolérant cet herbicide augmentait de plus de 230 % entre 2000 et 2010, gonflé par les cultures massives au Brésil et en Argentine, si bien que les semences de coton conventionnelles sont actuellement 6 fois moins chères que celles de coton GM[6] ! Rappelons que l'industrie des biotechnologies, grâce à la propriété du brevet, interdit à l'agriculteur de ressemer une partie de sa récolte GM et le condamne donc à l'achat, chaque année, de semences toujours plus chères. Outre la contrainte économique, cette obligation constitue une atteinte culturelle en bouleversant les pratiques semencières des paysans, comme la sélection et l'échange de semences à l'échelle des terroirs. Monsanto justifie ses augmentations par la hausse de la demande et des rendements supposés, absolument pas par les coûts de fabrication, mais sa situation de quasi-monopole sur le soja GM lui permet de faire régner sa loi[7].

Pour répondre aux nombreuses critiques sur les conséquences défavorables de ces cultures (surtout l'apparition de plantes indésirables devenues insensibles à tous les herbicides), l'industrie agrochimique promet de nouveaux pesticides et de nouvelles plantes les tolérant. Mais surtout les multinationales argumentent audacieusement en faveur de leurs produits *au nom de l'environnement*. Elles prétendent contre l'évidence que les PGM diminuent les quantités de pesticides répandus dans la

---

6. Charles Benbrook, « The Magnitude and Impacts of the Biotech and Organic Seed Price Premium », *The Organic Center*, décembre 2009.

7. « Hausse des tarifs de Monsanto », *inf'ogm actu* 13, octobre 2008.

nature, elles vantent la réduction des pertes de carbone du sol grâce à l'évitement des labours, une pratique proposée bien avant les PGM et qui s'accorde avec les variétés traditionnelles. Mais, toujours, le clou de l'argumentation est purement spéculatif: bientôt viendront les nouvelles PGM adaptées aux terres salées ou désertiques, séquestrant le carbone et l'azote de l'air, réduisant ainsi les besoins en engrais…

En attendant, les grandes firmes (Monsanto, Bayer, Syngenta, BASF, Dupont) déposent des centaines de brevets sur des gènes dépistés dans les plantes naturelles, celles sélectionnées depuis 10 000 ans par les paysans, dans le but de les inclure dans des plantes transgéniques, lesquelles seront payantes.

Pourquoi des plantes transgéniques (PGM) ?

L'idéologie de l'ADN maître de la vie

La découverte de l'ADN et du code génétique il y a un demi-siècle reste un événement considérable pour la connaissance du vivant. Bien des conséquences théoriques et pratiques en découlent, par exemple pour la compréhension des filiations évolutives, du développement des êtres, des causes de pathologies, l'identification des individus… et la production de molécules médicamenteuses. Mais ce nouveau pouvoir des scientifiques a stimulé une conception mécaniste du monde vivant, la négligence de la complexité propre au fonctionnement interne des organismes et à leurs relations avec l'environnement. Finalement, l'assurance d'être capable de maîtriser les phénomènes biologiques est devenue arrogance. Chaque découverte d'une relation statistique entre un gène et une particularité apparente (phénotype) est présentée comme l'occasion de modifier ce lien pour espérer maîtriser le phénomène. La question de la pertinence d'une telle action a rarement été posée tant il était évident pour les généticiens, les commentateurs et bientôt toute la société que les mécaniciens du vivant disposaient du plan complet de la machine et des outils adéquats pour la réparer ou la modifier[1]. C'est ainsi qu'ont été acceptés *naturellement* et avec enthousiasme les projets de guérir des malades avec la thérapie génique ou celui de moduler des propriétés du vivant avec la transgenèse. Et qu'on est passé à l'œuvre en toute confiance dans la faisabilité de ces essais comme dans la capacité des nouveaux sorciers d'en dominer toutes les étapes et les conséquences. La démarche est justifiée quand c'est pour tenter de sauver une vie et c'est alors la seule mise en spectacle qui est critiquable, comme avec les shows triomphalistes du Téléthon où les échecs médicaux sont masqués par l'exposition d'enfants condamnés pour susciter les dons[2]. Mais la transgenèse est différente de la thérapie génique en bien des aspects. Principalement, il s'agit de créer des êtres nouveaux capables de filiations inédites et susceptibles d'interagir de façon largement imprévisible avec les autres êtres vivants. La thérapie

1. Jacques Testart, *Le désir du gène*, Flammarion, 1994.

2. Jacques Testart, « Téléthon : le plus cher cabaret du monde », *Nature et progrès*, novembre 2011, et à l'adresse: jacques.testart.free.fr/index.php?post/texte897.

génique ne modifie que des cellules localisées qui ne sont pas transmises aux descendants alors que la transgenèse, réalisée dans l'œuf, modifie l'ensemble de l'organisme, y compris ses cellules procréatrices (gamètes). Il reste que la PGM libérée dans la nature peut interférer avec d'autres organismes en affectant leur survie ou en leur transmettant des propriétés nouvelles.

Il fallait donc que les promoteurs de telles actions, vraisemblablement non réversibles, soient imprégnés de la certitude qu'ils obtiendraient l'effet escompté et pas un autre, et qu'ils contrôleraient la situation quoi qu'il arrive. Sans doute, parmi les promoteurs de PGM, les industriels des semences ont-ils négligé ces questions parce qu'ils étaient obnubilés par la promesse de profits considérables. Mais les promoteurs intellectuels de PGM que sont les chercheurs impliqués les ont négligées parce qu'ils étaient, eux, obnubilés par l'idéologie de la génétique triomphante, quand ils n'en retiraient pas d'avantages matériels. C'est l'hyperspécialisation des chercheurs qui ici est en cause : un généticien moléculaire est incapable d'apprécier les phénomènes liés à l'environnement et encore moins à l'économie rurale ou à la culture paysanne… Les scientifiques ont fauté en considérant des bribes de connaissance comme suffisantes pour constituer une nouvelle science qui les autoriserait à agir en toute liberté. Les recherches fondamentales en génétique se sont heureusement poursuivies et ont montré progressivement les carences des postulats qui président toujours à la création de PGM. On sait désormais que peu de caractères dépendent d'un seul gène, que certains gènes correspondent à plusieurs protéines, d'autres à aucune, que l'activité d'un gène peut modifier celles d'autres gènes, que la partie non codante de l'ADN, majoritaire (95 %), longtemps considérée comme de l'ADN « poubelle » est en réalité fortement impliquée dans la modulation des synthèses protéiques, etc. Les données acquises depuis cinquante ans ont conduit à modifier bien des fois la définition même du gène[3] et tout laisse penser que la dernière n'est pas définitive…

Il faut aussi évoquer ces observations inattendues qui ne font l'objet d'aucune publication scientifique mais indiquent qu'on est bien loin de *maîtriser* les effets de la transgenèse[4]. Ainsi, une des premières PGM, une tomate modifiée pour être conservée longtemps après récolte, s'est avérée d'un goût tellement exécrable que même les consommateurs étasuniens l'ont refusée. Ainsi, des cultivateurs espagnols de maïs GM ont observé que les tiges ne se redressaient pas à la suite d'un vent violent tandis que des paysans du Burkina-Faso constataient que la fibre de coton GM est défectueuse. Ainsi, des pruniers modifiés pour résister à des parasites ont produit des fruits dont la

3. « What is a gene ? », Projet Encode, *Nature*, juin 2007.

4. Jacques Testart, *Le Vélo, le Mur et le Citoyen*, Belin, 2006.

chair reste accrochée au noyau. Ainsi, des melons GM ont littéralement explosé avant leur maturité... Et des effets imprévus sont aussi rapportés sur des animaux GM. On observe de façon générale une plus grande fragilité, une moindre fécondité et une mortalité précoce chez les rongeurs GM de laboratoire quelle que soit la modification génétique qu'on leur a imposée. L'addition d'un gène de croissance pour accélérer le développement conduit souvent au diabète de bovins ou de porcins et à la difformité de la tête chez les saumons. Très récemment des Néo-Zélandais ont pu obtenir une vache génétiquement modifiée pour produire du lait non allergisant mais ils n'ont pas su expliquer pourquoi l'animal est privé de queue... Dans ces conditions, prétendre que la transgenèse est « sous contrôle » relève de l'idéologie... ou de l'inconscience.

Une technologie dépassée

Les conditions de vie des humains, comme celles des autres êtres vivants, sont menacées : disparition accélérée d'espèces animales et végétales, apparition de nouvelles maladies, modifications inédites de l'environnement, toutes nuisances qui reflètent un nouvel âge géologique, l'*anthropocène*, caractérisé par les effets notables des actions humaines sur la planète. Ce sont surtout les « succès » de la technoscience qui sont à l'origine de ce bilan inquiétant, parfois dramatique. Certains placent le début de l'anthropocène vers 1760, quand la machine à vapeur ouvrit la porte aux mécaniques puissantes, consommatrices d'énergies fossiles et génératrices de pollutions et de chômage. Deux siècles et demi plus tard, nous avons épuisé presque tout le pétrole des réserves exploitables, l'atmosphère s'est chargée en carbone jusqu'à modifier le climat de façon vraisemblablement irréversible, le développement de l'industrie chimique a entraîné la dissémination de molécules nocives, etc.

Du côté de l'agriculture, le productivisme qui fut nécessaire pour résoudre la crise alimentaire du siècle dernier est demeuré comme un leitmotiv, les industriels du secteur poursuivant et intensifiant les pratiques intensives. La terre s'est dégradée à force d'engrais chimiques, les eaux en ont été polluées, les variétés végétales rustiques ont été abandonnées au bénéfice des plus productives qui sont souvent les plus gourmandes en eau, engrais et pesticides. Le tableau global dans les pays industrialisés est celui de vastes surfaces, cultivées de façon homogène à coup de monocultures, de machinisme important, d'intrants chimiques systématiques, le tout conduisant à une productivité abondante et inédite. Ce résultat dépasse les besoins nationaux d'où un gaspillage effréné et l'exportation des surplus vers les pays du Sud bouleversant ainsi leur agriculture vivrière. Déjà, dans certains pays, la culture des PGM a transformé le modèle agricole en un système dépendant massivement de la chimie. Selon des historiens[5], davantage que les profits escomptés par des semenciers ou des chimistes, c'est l'idéologie du progrès génétique, productiviste et uniformisant, qui a motivé l'Institut national de la recherche agronomique (INRA) à se lancer dans la course aux gènes plutôt que d'inventer de nouvelles relations entre paysans et chercheurs pour faire vivre l'innovation variétale[6].

C'est dans ces circonstances que les PGM sont arrivées dans les champs à partir des années 1990. Leurs effets ne pouvaient que s'ajouter à ceux des semences hybrides ou hautement sélectionnées pour aggraver le bilan écologique de l'agriculture productiviste dans les pays développés et pour l'exporter dans les autres. La *transition écologique*, sur laquelle un consensus se construit, nécessiterait bien d'autres inventions afin de réduire au minimum les consommations d'eau et de carburants, de se passer d'engrais et pesticides chimiques au profit de l'apport d'humus et de la lutte biologique contre les parasites, des pratiques qui ont montré leur efficacité. Imagine-t-on une agriculture paysanne fonctionnant avec des PGM ? C'est une

---

5. Christophe Bonneuil et Frédéric Thomas, *Gènes, pouvoirs et profits. Recherche publique et régimes de production des savoirs de Mendel aux OGM*, Quae, 2009.

6. Jacques Testart, Agnès Sinaï et Catherine Bourgain : *Labo planète ou Comment 2030 se prépare sans les citoyens*. Éd. Mille et une nuits, 2011.

hypothèse que le lobby pro-PGM cherche à faire valoir, postulant la venue (toujours prochaine) de plantes transgéniques écologiques ! Ceux-là ne comprennent rien à ce qu'est le travail paysan qui commence par produire sa propre semence et non par acquérir très cher des « chimères génétiques brevetées[7] », qui mêle par rotation dans des champs proches et de taille réduite diverses espèces cultivées, qui associe l'élevage pour apporter une fertilisation non chimique, qui limite les traitements à des interventions ponctuelles et non toxiques. Une récente étude montre qu'entre 1996 et 2011, aux États-Unis, la consommation d'insecticide a diminué de 56 000 tonnes et celle d'herbicide augmenté de 239 000[8]. Il faudrait ajouter les quantités non mesurables d'insecticides libérés par les plantes modifiées dans ce but. Ainsi est battu en brèche l'argument des PGM « favorables à l'environnement »... La déception des agriculteurs américains et les prix croissants des semences de soja GM, comme de l'herbicide associé, conduisent à un retour relatif des semences conventionnelles selon un chercheur de l'université du Missouri[9]. D'autant que plus

---

7. Selon l'expression forte de Jean-Pierre BERLAN, économiste à l'INRA.

8. Charles BENBROOK, « Impacts of genetically engineered crops on pesticide use in the US –the first sixteen years », *Environmental Sciences Europe*, 24, p. 24, 2012.

9. « Soja conventionnel : de meilleurs profits pour l'agriculteur », *inf'ogm actu,* 18 mars 2009.

de vingt mauvaises herbes sont devenues résistantes aux herbicides, ce qui augmente les coûts de culture, le volume et la toxicité des traitements appliqués selon l'agro économiste Charles Benbrook[10]. C'est pourquoi ce dernier met en garde l'Union européenne dans un rapport récent commandé par l'ONG Greenpeace[11] : si nous acceptons les maïs GM tolérants aux herbicides, la consommation de glyphosate (le principe actif du Roundup) sera décuplée d'ici 2025, avec des conséquences prévisibles[12] que connaissent déjà les États-Unis ou l'Argentine[13].

---

10. À noter que ces résultats restreignent aux multinationales vendant PGM et herbicides le bénéfice des PGM après quelques années de culture, puisque même les agriculteurs en monoculture intensive commencent à revenir sur leurs illusions…

11. Greenpeaceace.org international, 18 octobre 2012.

12. Des travaux scientifiques montrent la toxicité du Roundup sur l'oursin (altération des divisions cellulaires) ou les rongeurs (effet cancérigène) tandis que l'excès d'herbicide dans les champs favorise des mutations chez les « mauvaises herbes » qui deviennent résistantes à cet herbicide, un effet constaté dès l'année 2000 et qui concerne aujourd'hui 23 espèces différentes aux États- Unis. D'où un engrenage sans fin qui contraint l'agriculteur à recourir à des herbicides toujours plus puissants et à en augmenter les quantités pulvérisées.

13. Pourtant, récemment encore un expert officiel des OGM, L. M. Houdebine, plaçait la toxicité du Roundup « *au niveau du sel de cuisine* » et vantait cet herbicide « *biodégradable* »(France inter, 26 septembre 2012).

Les systèmes techniques inventés pour faire croître la productivité ou la compétitivité n'assurent ni la durabilité ni la qualité de la production. Ils sont consommateurs d'énergie, polluants, destructeurs des milieux comme des sociétés rurales et de leurs savoirs. Les technologies universelles et l'économie mondialisée effacent la diversité des milieux et des sociétés plutôt qu'améliorer les systèmes techniques existants ici ou là. Il faut donner la priorité aux recherches qui permettent de travailler avec les sociétés humaines, de mettre en synergie les savoirs scientifiques et les savoirs accumulés par des générations de paysans[14]. Une étude de la Commission européenne affirmait dès 2006[15] que les PGM n'ont d'intérêt que pour économiser le temps de travail et diminuer le recours aux insecticides (au moins durant les 3 premières années puisque de nouveaux parasites apparaissent ensuite, comme Darwin l'avait prévu…) mais absolument pas pour augmenter les rendements. Pourtant cet argument est encore utilisé largement[16] et son impact sur le public est sensible.

---

14. Huub Spiertz, « Avenues to meet food security. The role of agronomy on solving complexity in food production and resource use », *European J. Agronomy*, 43, novembre 2012.

15. M. Gomez-Barbero, B. Rodrigez-Cerezo, *Economic impact of dominant GM crops worldwide : a review*, décembre 2006.

16. Par exemple par Jean-Didier Vincent, membre des Académies des Sciences et de Médecine (France inter, *La tête au carré*, 5 octobre 2012).

C'est surtout le mode de production des semences qui s'oppose à une agriculture d'avenir. Une étude récente a montré comment les paysans du Niger sélectionnent leurs semences de mil pour s'adapter au fil du temps à la sécheresse qui progresse très vite[17] : les graines qu'ils cultivaient il y a vingt ans ne pousseraient plus aujourd'hui, par manque d'eau, mais leur sélection intuitive a généré, d'année en année, les qualités nécessaires pour que les graines semées aujourd'hui deviennent des plants productifs. Comment cette souplesse adaptative de la semence, propre à l'agriculture paysanne, pourrait-elle être obtenue par les firmes *high tech*, singulièrement celles qui produisent les semences de PGM à l'issue de nombreuses années d'essais et évaluations ? D'autant que le droit des brevets interdit justement au paysan de ressemer une partie de sa récolte ! Les processus technologiques longs, coûteux et propriétaires sont définitivement incompatibles avec la nécessité de réagir vite et de façon adaptée aux changements climatiques, partiellement imprévisibles dans leur nature comme dans leur rigueur. Et les « nouvelles biotechnologies » comme la mutagenèse dirigée seront tout aussi inadaptées à une réalité qui bouge.

---

17. Y. Vigouroux , C. Mariac, S. De Mita, J.-L. Pham, B. Gerard B. *et al.* « Selection for Earlier Flowering Crop Associated with Climatic Variations in the Sahel », *PLoS ONE* 6(5) : e19563, 2011.

Ainsi, les PGM, présentées comme la solution savante aux bouleversements qui s'annoncent, constituent en réalité une technologie obsolète, incompatible avec la transition écologique. Sans compter les coûts énormes des mesures promises pour rassurer : coexistence entre PGM et plantes non GM, étiquetage des produits dérivés, surveillance administrative, policière et juridique du système… Nul besoin de PGM pour la conversion nécessaire de la recherche agronomique aux modèles de productions alternatifs et de proximité (agroécologie, agriculture périurbaine ou vivrière, agroforesterie, agriculture biologique, réduction de l'alimentation carnée, etc.). Il est surprenant que cette évolution, sur laquelle de plus en plus de personnes s'accordent[18], soit oubliée au moment de la controverse sur les plantes transgéniques.

---

18. Selon Olivier de Schutter, rapporteur spécial des Nations unies sur le droit à l'alimentation, « *l'agroécologie peut doubler la production alimentaire de régions entières en 10 ans tout en réduisant la pauvreté rurale et en apportant des solutions au changement climatique* » (Rapport présenté à la 16e session du Conseil des droits de l'homme, Genève, 8 mars 2011). Lire aussi Marc Dufumier, *Famine au Sud, malbouffe au Nord. Comment le bio peut nous sauver*, Nil Éd., 2012.

L' « AFFAIRE SÉRALINI »

Un protocole évident mais inédit

L'article publié en septembre 2012 par des scientifiques de Caen[1] relate le suivi pendant deux ans de rats consommant du maïs transgénique (NK 603 de Monsanto) ou du Roundup (l'herbicide que ce maïs tolère grâce à sa modification génétique). Les animaux ont été régulièrement examinés et des prélèvements de sang, d'urine et de divers organes ont été pratiqués pour analyses. Par rapport aux animaux témoins, les auteurs notent des tumeurs plus précoces, surtout chez les femelles, et des atteintes rénales et hépatiques, surtout chez les mâles. Cet article n'est certainement pas une œuvre irréprochable, mais il faut comprendre que,

1. G.-É. Séralini, E. Clair, R. Mesnage, S. Gress, N. Defarge, M. Malatesta, D. Hennequin, J. Spiroux de Vendômois, « Long term toxicity of a Roundup herbicide and a Roundup-tolerant genetically modified maize », *Food and Chemical Toxicology*, septembre 2012.

réalisée avec des moyens très limités (trois millions d'euros c'est peu pour engager 200 animaux et de nombreuses analyses de laboratoire), l'étude ne peut pas constituer une démonstration absolue et les auteurs eux-mêmes souhaitent que leurs résultats soient reproduits dans de meilleures conditions. Il faut aussi prendre en compte des difficultés particulières liées au contexte économico-politique autour des PGM. D'abord il est impossible de se procurer les semences GM auprès de l'industriel qui les produit, vraisemblablement afin éviter ce genre d'étude, une situation déjà dénoncée par des chercheurs étasuniens qui refusent de travailler sous le contrôle d'une multinationale[2]. Alors, l'acquisition de ces semences pour des fins expérimentales exige une complicité avec un agriculteur (ici une école d'agriculture canadienne). Il fallait aussi s'assurer par des analyses génétiques que le lot témoin correspondait bien à une variété non soumise à la transgenèse mais identique par ailleurs (dite *isogénique*). Pour constituer le lot expérimental de maïs NK 603 recueilli après culture traitée avec l'herbicide, il fallait réaliser cette culture dans un pays où elle est autorisée, donc hors de France. De plus l'ensemble de ces travaux, menés sur plusieurs années,

---

2. Il s'agit de 26 entomologistes demeurés anonymes pour éviter la répression : Andrews POLLACK, *New York Times*, 19 février 2009 et *inf'ogm* 118, octobre 2012.

ne devait pas attirer l'attention du lobby des PGM, pour éviter le risque d'un sabotage au niveau expérimental ou d'un sabordage au moment de la publication des résultats[3]. Toutes ces difficultés, normalement absentes d'un travail de recherche serein, ont été sous-estimées par les médias, lesquels s'estimant « instrumentalisés », ont vite mis cette « science spectacle » à la charge de l'équipe de Caen.

Le point fort de cette étude est qu'elle évalue une PGM sur toute la durée de vie de l'animal qui la consomme, un essai exceptionnel mais justifié par la réalité : si une PGM est autorisée dans l'alimentation humaine, c'est bien chaque jour de toute la vie qu'elle sera absorbée. C'est-à-dire plus longtemps relativement à un animal d'élevage, lequel est abattu bien avant la phase de vieillissement, en réalité avant le tiers ou le quart de sa durée potentielle d'existence. C'est pourquoi on ne peut pas prétendre que cette étude contredit le constat d'innocuité pour des rats mis en expérience pendant trois mois

---

3. C'est pour éviter son torpillage que l'étude fut soumise à embargo jusqu'à sa parution, et pour faire connaître ses résultats qu'une stratégie fut élaborée par le Comité de recherche et d'information indépendantes sur le génie génétique (CRIIGEN), instigateur de l'étude. Ainsi un film (*Tous cobayes* ? de Jean-Paul Jaud) et deux livres ont accompagné l'article scientifique : *Tous cobayes ! OGM, pesticides, produits chimiques*, de G.-É. Séralini, Flammarion et *La vérité sur les OGM c'est notre affaire* de Corinne Lepage, Éditions Charles Léopold Meyer.

ou des bovins élevés quelques années. En fait, le seul modèle de consommation à long terme serait celui des humains dans les pays où les PGM ne sont pas réglementés mais, outre que cette consommation n'existe que depuis une quinzaine d'années, toute interprétation épidémiologique est rendue impossible par l'absence d'étiquetage des produits. À ceux qui prétendent que les Américains consomment des PGM sans problèmes j'ai coutume d'opposer, par dérision, que c'est là la cause de leur obésité, une affirmation tout aussi invérifiable !

Cette étude montre que l'herbicide Roundup, ajouté à l'eau de boisson des rats, provoque des pathologies, tout comme les croquettes réalisées avec la PGM qui en fut copieusement arrosée. Mise à part l'ampleur des pathologies, c'était un résultat attendu puisque, par définition, cet herbicide est toxique. Des réponses différentes sont observées selon le sexe des animaux, ce qui, à nouveau, n'est pas surprenant, car le Roundup agit comme un perturbateur endocrinien[4], donc sur la sphère hormonale, comme le fait par exemple le bisphénol A récemment condamné. Que les doses croissantes de ces substances ne provoquent pas d'effets croissants,

---

4. Cela a été démontré précédemment par l'équipe de Caen, et par d'autres. S. Richard *et al.*, « Differential effects of glyphosate and Round-up on human placental cells and aromatase », *Environm. Health Perspect.* 113, 2005.

c'est aussi une propriété des pertubateurs endocriniens aujourd'hui bien connue, même si cela contredit les certitudes classiques de la chimie et de la toxicologie. Ce sont essentiellement ces résultats qui ont été mis en cause par des experts ulcérés comme par des commentateurs ignorants. De plus, ces experts ont négligé que le Roundup ne fut autorisé que sur la base des effets de sa molécule active (le glyphosate), or cette étude teste l'herbicide entier, dont les adjuvants associés au glyphosate ont déjà démontré leur toxicité *in vitro*[5].

Il est remarquable qu'un autre résultat soit rarement commenté : celui qui montre la toxicité de la graine GM, même si elle n'a jamais été en contact avec l'herbicide. Ce résultat contredit ce que nombre de scientifiques (dont moi-même) expliquaient souvent à des personnes exprimant une critique sommaire des PGM : nous affirmions que consommer une PGM n'est pas dangereux par le fait qu'elle est génétiquement modifiée – le gène ajouté n'est pas toxique par sa structure – mais peut l'être par une toxicité acquise dans les champs, la PGM pouvant alors être qualifiée de *pesticide* par son imprégnation avec l'herbicide qu'elle a reçu, l'insecticide qu'elle a fabriqué, ou par la rémanence des produits de dégradation de ces substances. Voici donc une nouvelle raison, imprévue

---

5. Robert Bellé *et al.*, « Letter to the editor : toxicity of Roundup and glyphosate », *J. Toxicol. Environm. Health*, 15 (4), 2012.

sinon iconoclaste, pour s'inquiéter ! Une hypothèse explicative à ce résultat surprenant est avancée dans l'article, incriminant la surexpression, par le gène ajouté, d'un enzyme responsable de perturbations hormonales similaires à celles induites par le Roundup. Il se pourrait donc que cette toxicité du maïs GM non traité soit spécifique des plantes (ou même seulement du maïs) modifiées pour tolérer le Roundup et que les autres PGM échappent à ce risque additionnel. Toutefois, si cet effet toxique est vérifié, et quelle qu'en soit l'origine, il s'ajoutera à la longue liste des effets indésirables, imprévus et souvent incompris de la transgenèse (voir p. 31-32). Dans tous les cas, on comprend que le lobby pro-PGM évite d'attirer l'attention sur des phénomènes non seulement susceptibles d'inquiéter le public, mais qui illustrent aussi les limites de leur science et son caractère expérimental.

Des réactions organisées et redondantes

Dès le 19 septembre, jour de la publication, le feu est ouvert : un communiqué de l'agence Reuters donne la parole à des scientifiques outrés dont les critiques seront reprises en boucle les jours suivants. En fait, Reuters s'est nourrie des informations regroupées par le Science Media Center de Londres, un organisme financé par l'industrie biotechnologique laquelle sait faire taire la concurrence quand l'intérêt commun des multinationales est en jeu, et vite approvisionné de critiques acerbes[6]. Selon l'ONG Corporate Europe Observatory, qui surveille les lobbies européens, c'est vers cet organisme que les médias furent immédiatement dirigés. Monsanto, professionnel, évite comme toujours le débat frontal en recourant à une stratégie de puissant lobbying : décrédibiliser l'étude en poussant des scientifiques amis et des médias dupés à faire vivre une querelle entre scientifiques, qui échappe au grand public, et souligner l'implication de la grande distribution dans le financement de l'étude pour créer le doute sur l'honnêteté des résultats.

Certains des experts ainsi convoqués sont les mêmes qui avaient dénigré les travaux d'Arpad Puztai ou d'Ignacio Chapela, scientifiques reconnus dont les découvertes inquiétaient l'industrie des biotechnologies[7]. Parmi eux, Antony Trewavas (université d'Edimbourg)

---

6. Benjamin Sourice, « Polémique sur la toxicité des OGM : ces conflits d'intérêts qui nuisent à la science », *Mediapart*, 22 septembre 2012.

7. Arpad Puztai montra en 1998 des effets indésirables d'une pomme de terre GM sur la structure intestinale des rats et Ignacio Chappela découvrit en 2001 la contamination des maïs rustiques mexicains par du maïs GM. Le premier fut exclu de l'Institut Roswell (Aberdeen, Écosse) et le second suspendu de l'université de Berkeley (Californie) . On peut leur associer Manuela Malatesta, contrainte de quitter l'université d'Urbino (Italie) pour avoir publié en 2002 une étude de 2 ans montrant des altérations du foie de rats nourris avec du soja GM. Voir Marie-Monique Robin, *Le Monde selon Monsanto*, La Découverte, 2009.

condamné en 2001 pour diffamation envers Greenpeace ou Tom Sanders (King's College de Londres), défenseur des PGM autant que de l'aspartame, qui fut commercialisé sous le nom de *Nutrasweet* par Monsanto…

En France, ce sont le toxicologue Gérard Pascal et le généticien Marc Fellous qui ont dégainé les premiers. Gérard Pascal, ancien responsable de l'expertise en santé alimentaire en France, est consultant pour plusieurs entreprises de l'agroalimentaire et membre important de l'International Life Science Institute (ILSI), un puissant groupe de lobbying alimentaire mondial. Quand à Marc Fellous, ancien président de la Commission du génie biomoléculaire (CGB) chargée d'autoriser les PGM, il est aussi président de l'Association française pour la défense des biotechnologies (AFBV), créée surtout pour imposer les PGM. Il a un lourd passif avec G.-É. Séralini : il a été condamné en 2011 pour diffamation envers le chercheur de Caen, et est actuellement poursuivi pour faux et usage de faux à l'issue de ce premier procès…

Les critiques portées sur cet article furent toutes les mêmes, qu'elles viennent de scientifiques, spécialisés ou incompétents dans ce domaine, ou de chroniqueurs de tous bords. Elles concernent surtout la race de rat utilisée (Sprague Dawley), propice à l'apparition de tumeurs, ainsi que l'effectif des animaux (10 par groupe) estimé trop faible et le traitement statistique des données jugé insuffisant. Elles s'étonnent aussi que les rats témoins meurent, oubliant que ce qui compte dans une expérience qui dure toute la vie, c'est l'âge d'apparition des symptômes et de la mortalité selon les lots... Le parti pris est flagrant quand on sait que Monsanto a obtenu en 2003 l'agrément de ce même maïs NK 603 en proposant aux experts de l'EFSA (dont certains sont les premiers à réfuter l'étude de Séralini) des données expérimentales plus critiquables encore : les animaux étaient de même race et en nombre inférieur, les statistiques étaient très défaillantes, et la multinationale avait ignoré des dizaines de différences significatives dans les analyses de sang car elle était incapable de les expliquer.

Les détracteurs répètent qu'une étude de cancérologie doit comporter des lots de 50 animaux. Sans doute, mais il ne s'agissait pas là d'une véritable étude de cancérologie, la fréquence et la gravité des tumeurs provoquées étant inattendues. Ainsi, un protocole acceptable pour autoriser une PGM ne le serait plus s'il conduit à la remettre en cause ! Les critiques envers Séralini sont d'autant plus scandaleuses qu'il a dénoncé l'insuffisance des normes en cours dans l'évaluation et se bat depuis des années pour tenter de les faire modifier. En fonction de ses moyens limités, il n'a pu que suivre les normes édictées par l'OCDE, lesquelles sont bien souvent bafouées par les pétitionnaires. On a assisté à une querelle médiatisée, animée par des comptables satisfaits, à propos des effectifs d'animaux expérimentaux selon qu'on recherche une toxicité immédiate ou à long terme. La meilleure garantie de la fiabilité d'un résultat est la reproduction de l'expérience, surtout quand on ne dispose pas d'hypothèse robuste sur l'effet susceptible d'être induit. Il est nécessaire de recommencer l'expérience et si les mêmes atteintes se reproduisent, c'est qu'elles doivent avoir un sens !

Une révélation imparable de l'« affaire Séralini », dont les résultats contestés ont été acquis au prix d'essais sans précédent, c'est que toutes les PGM autorisées par la Commission européenne suite aux avis toujours favorables de l'EFSA devraient être réévaluées selon des protocoles beaucoup plus stricts. Mais, plutôt qu'accepter une moralisation des évaluations, et reprendre toutes les procédures d'évaluation sur des bases sérieuses, ces experts qui s'autoproclament « communauté scientifique internationale » avisent sur les défauts indéniables d'une expérience qui les dérange d'autant plus que leur expertise est en jeu... Que seraient des bases sérieuses ? Outre le nombre d'animaux testés, ce serait des études longues, équivalentes à la durée de vie de l'espèce. La même revue *Food and chemical toxicology* publiait en septembre 2012 deux autres études, concernant un maïs et un soja GM, réalisées sur rats durant trois mois et concluant à l'absence de problème, ce qui n'invalide pas l'étude de Séralini qui constate l'apparition des problèmes sanitaires après ce délai. C'est pourtant seulement la publication de Séralini qui interpelle les experts et inquiète l'éditeur, lequel subit des pressions pour retirer l'article[8]. Selon l'ONG gmwatch, une téléconférence, organisée par l'EFSA le 28 septembre, attesterait d'une volonté de l'Agence européenne d'agir pour obtenir ce retrait. Sûr que cela permettrait de continuer comme avant « en l'absence de publication dans une revue avec comité de lecture »…

Dès la parution de l'article, le toxicologue Gérard Pascal se faisait menaçant : « *je n'ai jamais vu ça. Il faut envoyer une commission d'enquête dans le labo*[9]… » et l'Association française des Biotechnologies végétales (AFBV), à laquelle il appartient, annonçait qu'il existe déjà « *de nombreuses études toxicologiques qui ont évalué les effets à long terme des OGM sur la santé des animaux* » et qu'elles n'ont jamais révélé d'effets toxiques. Or, et l'ANSES l'a reconnu, il n'y a pas de publications scientifiques convaincantes sur ce sujet : l'article le plus proche concerne une expérience d'alimentarité/allergénicité (et non de toxicologie) sur le porc pendant trois

8. Voir la lettre à l'éditeur pour « *soumettre l'article à une critique rigoureuse par des experts appropriés et le retirer rapidement s'il ne correspond pas aux standards scientifiques de conception et d'analyse largement répandus* », pétition initiée le 14 octobre 2012 par un membre de l'Association française des Biotechnologies végétales , Yvette Dattée.

9. Nouvelobs.com, 19 septembre 2012.

ans (soit moins de 30 % de la durée de sa vie), ce qui est relativement beaucoup moins que deux ans pour des rats ; la PGM étudiée est différente (un maïs insecticide Bt MON 810) ; enfin il s'agit d'un simple rapport, non soumis à un comité de lecture, ce qui aurait été jugé parfaitement inacceptable pour l'étude Séralini…

Des contre-expertises ont été vivement commanditées à l'ANSES et au Haut conseil des biotechnologies (HCB) par le gouvernement français, et à l'EFSA par la Commission européenne. Si l'EFSA n'envisage pas de refaire les expériences de Séralini, les deux structures françaises d'expertise ont revu leurs copies : tout en critiquant l'étude elles demandent de la vérifier. Enfreignant le courroux du Comité scientifique du HCB, son Comité économique et social (CESE) souhaite même que ce travail soit mené en collaboration avec l'équipe honnie de Caen…. De plus, l'ANSES reconnaît « l'originalité » du travail de l'équipe de Caen et note l'insuffisance du cadre réglementaire européen pour les études de toxicité des PGM[10]. En revanche, sollicitée par l'ANSES, l'entreprise Monsanto a refusé l'audition et aussi l'accès à ses données expérimentales[11]…

---

10. On peut s'interroger néanmoins sur l'application du principe de précaution quand l'ANSES demande des études complémentaires tout en confirmant l'autorisation donnée au même maïs NK 603.

11. David BILHAUT, « Comment Monsanto a échappé à l'audition de l'ANSES », *Le Quotidien du Médecin*, 8 novembre 2012.

Ces avancées n'auraient certainement pas eu lieu sans la médiatisation exceptionnelle que le CRIIGEN a assurée, et qui lui est largement reprochée[12]. En effet, les médias ont donné une large place au débat ouvert par cet article même si certains, comme *Le Monde,* ont refusé toutes les contributions favorables aux auteurs[13], certainement en les classant dans la catégorie des positions partisanes. On a pu lire dans ce journal un texte collectif[14] de chercheurs du CNRS et d'autres organismes (INRA, CEA…) dont la plupart sont certainement de bonne foi mais ignorent tout des PGM et de l'agronomie, et surtout du lobbyisme industriel pour se rendre maître de l'alimentation mondiale. Ceux-là réagissent à la « sacralisation du milieu naturel », lui préférant la sacralisation de la science. Ils reprochent à Séralini de n'avoir pas eu la même attitude que les physiciens du CERN quand ils ont cru, à tort, avoir trouvé une particule allant plus vite que la lumière. Or, il est évident que l'on ne peut comparer des physiciens confrontés à un problème théorique à la

12. L'exclusivité donnée au *Nouvel Observateur* a fortement frustré d'autres médias généralistes, ce qui peut expliquer leur attitude hostile qui a pesé sur la construction de l'information.

13. Sauf très tardivement en publiant un article de l'auteur principal lui-même, G.-É. Séralini, « Comment un OGM, un pesticide et un système peuvent être toxiques », *Le Monde*, 26 octobre 2012.

14. « Pour un débat raisonné sur les OGM », Lemonde.fr, 27 septembre 2012.

controverse brûlante que provoque la remise en cause d'autorisations marchandes obtenues sous pression au mépris d'une argumentation scientifique. Il faudrait s'entendre sur la place de la science dans les magouilles aventureuses qui président à l'imposition d'une technologie non maîtrisée et sans bénéfice démontré. Prenons-les au mot. Exigeons, comme ils le suggèrent, une étude qui reprendrait celle-ci, en associant l'ANSES au laboratoire de Séralini !

Suite à « l'affaire Séralini », cinq ex-ministres de l'environnement ont demandé une réévaluation des OGM, « de remettre à plat les systèmes d'évaluation des OGM et des pesticides et d'exiger des tests de toxicité sur la vie entière de l'animal[15] ». De plus, le gouvernement français a exprimé pour la première fois sa volonté de procéder à une évaluation de la balance bénéfices/risques comme il est d'usage pour les médicaments et comme cela aurait du être réalisé avant le début de la commercialisation des PGM. Si cet engagement était tenu, on devrait en avoir fini avec les PGM existantes puisqu'il paraît impossible d'en montrer quelque bénéfice pour les consommateurs... Évoquant exceptionnellement cet aspect des PGM, un rapport commandé par quatre ministères

15. Ségolène Royal, Corinne Lepage, Dominique Voynet dans le quotidien gratuit *20 minutes* (29 octobre 2012), bientôt rejointes par Nathalie Kosciusko-Morizet et Chantal Jouanno.

indiquait il y a dix ans que « *nettement et sans contestation, [...] les PGM expérimentées en France à ce jour n'apportent aucun bénéfice au consommateur*[16] ». Rien ne permet aujourd'hui de remettre en cause ce constat même si le lobby des PGM a mis en avant la supposée supériorité sanitaire des plantes GM insecticides, lesquelles seraient préservées de poisons produits par des moisissures (mycotoxines), un bilan plutôt maigre et controversé[17]. De même on prétend parfois que la survie miraculeuse de plantes en cours de disparition n'a été possible que grâce à la transgenèse, en oubliant que d'autres technologies comme la sélection auraient pu arriver au même résultat à condition d'y consacrer des moyens comparables.

---

16. C. Babusiaux, J. Y. Le Déaut, D. Sicard et J. Testart, *Plantes transgéniques: l'expérimentation est-elle acceptable* ? La Documentation française, 2003, p. 19.

17. En fait la présence de mycotoxines est liée aux conditions de stockage et de transformation des plantes, parfois négligées dans l'agriculture non industrielle.

Mettre les PGM en démocratie

Changer le système d'expertise

La production accélérée des innovations et les craintes légitimes que beaucoup d'entre elles entraînent dans la population, autant que les coûts d'éventuelles réparations, ont profondément ébranlé le système classique d'évaluation. Peut-on encore se fier au seul jugement des personnes supposées les plus compétentes (les *experts*) alors que les liens de plusieurs types qui les portent à défendre l'innovation sont reconnus partout ? Outre les conflits d'intérêts économiques qui sont souvent, mais pas toujours, illégaux, la défense globale du *progrès* occupe l'expert, parfois viscéralement quand il s'agit d'évaluer un objet qui résulte en partie de sa propre activité inventive. Ajoutons que la politique de recherche sur contrat pousse, voire oblige, le chercheur à s'associer à des acteurs industriels, pour garantir le réalisme du projet au moins autant que pour le financer. Ainsi se créent des relations de complicité ou de subordination peu favorables à l'objectivité du jugement (voir p. 18-22).

De récentes révélations ont montré que les scientifiques chargés d'expertiser les PGM ne sont pas toujours indépendants, particulièrement au sein de l'Agence européenne de sécurité sanitaire (EFSA) dont le pouvoir est déterminant en Europe[1]. Ainsi il est apparu que certains de ses membres éminents sont étroitement liés au lobby mondial des biotechnologies. C'était le cas de la présidente du conseil d'administration, Diana Banati, membre également du Conseil des directeurs de l'International Life Science Institute Europe (ILSI), un groupe de lobbying pour les industries pharmaceutique, agrochimique et agro-alimentaire, financé notamment par Monsanto… Finalement démissionnée, elle est devenue directrice de la branche européenne de l'ILSI ! Selon un récent rapport de la Cour des comptes européenne (11 octobre 2012), une enquête menée en 2011 révèle qu'au moins six experts de l'EFSA encore en place ont aussi des liens d'intérêts avec l'ILSI, et le même rapport note qu'aucune procédure n'est prévue en cas de fausse déclaration… Dans ces conditions il est *naturel* que l'EFSA n'ait jamais refusé son accord à tous les dossiers qui lui ont été soumis… Ajoutons qu'au moins 15 000 lobbyistes

1. Benjamin Sourice, « Polémique sur la toxicité des OGM : ces experts si dépendants », *Nature et Progrès*, novembre 2012.

sont installés à Bruxelles avec la mission d'influencer les décisions politiques et techniques dans un sens favorable aux industriels. Il est évident que notre système d'expertise n'est pas au service de l'intérêt public.

Ces conflits d'intérêts économiques sont détestables mais il existe d'autres raisons pour douter de l'objectivité d'un expert, comme sa convergence idéologique avec le projet à examiner. La plupart des experts sont issus de laboratoires réputés, or tous les laboratoires de recherche, et singulièrement les plus honorés, ceux qui fournissent la plupart des experts, sont en relation d'intérêt commun avec le monde industriel, lequel contribue aux financements. Cela peut expliquer la réflexion désabusée d'un sociologue : « *nous sommes au Moyen Âge de l'expertise : quels animaux tester, combien de temps, avec qui*[2] *?* »

Dans ce système bloqué depuis des années, il faut cependant noter la récente réaction de nombreux scientifiques du monde entier pour défendre l'intégrité de G.-É. Séralini et s'attaquer à l'entreprise de sape des travaux qui déplaisent au lobby des PGM [3]. Cette rébellion interne inédite contre un label scientifique qui défend

2. Jane Lingaard, « Entretien avec Pierre Lascoumes », *Médiapart*, 26 septembre 2012.

3. Voir la remarquable lettre collective « Seralini and science », rédigée par *Independant science news*, 2 octobre 2012 et la déclaration de 140 scientifiques français : *Science et conscience*. Lemonde.fr, 14 novembre 2012.

des intérêts privés plutôt que la vérité est à rapprocher de la défense des lanceurs d'alerte, croissante en France depuis une dizaine d'années[4]. Il signale qu'un mouvement pour démocratiser la technoscience apparaît dans les laboratoires comme dans la société, mouvement qu'experts et académiciens désignent régulièrement comme une *montée de l'obscurantisme*…

Le public doit avoir accès aux données brutes des expériences menées par les pétitionnaires afin de pouvoir procéder, ou faire procéder par des experts de son choix, à une évaluation indépendante. Il appartient aux autorités françaises et européennes en charge des autorisations de produire de tels documents, divulgation à laquelle l'industriel ne devrait pas pouvoir s'opposer. Or, ceci n'a été obtenu qu'une seule fois, en 2003, par le milieu associatif, et à l'issue de demandes réitérées auprès de la Commission d'accès aux documents administratifs (CADA) puis de démarches judiciaires concernant un maïs insecticide (MON 863). Qu'y a t-il donc à cacher dans les cercles d'expertise autorisés ? De fait, l'analyse de ces documents, par G.-É. Séralini déjà, avait permis de révéler de graves carences scientifiques, et de mettre en cause l'autorisation du maïs MON 863,

4. Jacques TESTART, *Lanceurs d'alerte: des vigilants parmi nous*, Cahiers de la documentation, juin 2011 et jacques.testart.free.fr/pdf/texte890.pdf.

accordée sur des bases largement insuffisantes voire laxistes[5]. Quand, en 2012, G.-É. Séralini accepte de rendre publiques toutes les données de sa dernière étude à condition que l'EFSA fasse de même pour les données qui ont lui ont permis d'autoriser le même maïs NK 603 en 2003, l'agence lui oppose le *secret industriel.* Comme si le devenir de quelques rats consommant ces semences pouvait constituer un secret d'intérêt économique !

Il est malsain, si ce n'est dangereux, que les experts en charge des avis d'autorisation soient surtout des personnes favorables aux technologies évaluées. La présence d'experts sous influence dans les instances d'évaluation pourrait être supportable à condition que leurs intérêts soient clairement affichés et qu'on enrôle aussi des scientifiques plus objectifs, c'est-à-dire qui n'aient aucune relation avec les fabricants ou marchands de PGM, et aussi des militants associatifs scientifiquement compétents (il en existe !). C'est ainsi qu'on pourrait obtenir la qualité *contradictoire* de l'expertise. Mais il faut aussi viser la *pluridisciplinarité* en sollicitant des personnes compétentes dans des disciplines « non scientifiques » afin d'apporter un éclairage indispensable sur le sens et la portée de l'innovation (aspects socio-économiques, écologiques, juridiques, culturels, etc…). Des efforts en ce sens ont

---

5. Lire « Les failles du système réglementaire : l'exemple du MON 863 » *in* M.-M. Robin, *Le monde selon Monsanto,* Arte Éd., 2010.

été faits pour constituer le Haut conseil des biotechnologies en deux collèges (voir p. 18). Toutefois, il n'est pas satisfaisant que chaque agence ou structure d'expertise choisisse ses propres règles de fonctionnement. Ainsi, l'ANSES s'est dotée d'une commission de déontologie, et les organismes de recherche ou les diverses agences disposent chacun d'un comité d'éthique *intramuros*. Pour l'ensemble des structures en charge d'expertises, il faudrait disposer de règles communes et aussi d'un comité extérieur et indépendant chargé de veiller au respect de ces règles. D'où la proposition législative pour créer une instance régulant la déontologie de l'expertise qu'a avancée l'association pour une Fondation des sciences citoyennes (FSC) sous le nom de Haute autorité de l'expertise et de l'alerte (HAEA)[6]. Il ne s'agit pas d'un énième comité d'experts, plus savant que les autres, mais d'une autorité morale ayant le pouvoir de veiller à la bonne exécution, dans chaque structure compétente, de règles indiscutables et transparentes. De plus, nous manquons d'un système protecteur pour les *lanceurs d'alerte* dans le champ sanitaire et environnemental, car ces sentinelles qui avertissent d'un risque s'en trouvent presque toujours menacées ou sanctionnées. Protéger les lanceurs d'alerte,

6. Voir « Projet de loi pour la déontologie de l'expertise et la protection des lanceurs d'alerte », sciencescitoyennes.org/projet-de-loi-lanceurs-d'alerte/.

c'est favoriser les alertes, donc éviter de graves déboires, c'est pourquoi la Haute autorité devrait aussi avoir dans ses missions d'expertiser toute alerte pour faire la différence entre ce qui relève du bien public ou de l'erreur, voire de la volonté de nuire. Gageons que la menace d'expertise refroidirait bien des fantaisistes et que, même si seulement certaines alertes s'avéraient justifiées, des économies humaines et matérielles considérables seraient réalisées en les analysant toutes[7]. La création de cette HAEA permettrait que les citoyens acquièrent un minimum de confiance dans les innovations qui s'accumulent comme dans les structures qui les contrôlent ! Au contraire, les six Académies (Sciences, Médecine, Vétérinaire, Agriculture, Pharmacie, Technologies) ont profité de leur condamnation de l'article de Séralini [8] pour réitérer, le 19 octobre 2012, leur demande de « *création auprès du Président du Conseil supérieur de l'audiovisuel d'un Haut comité de la science et de la technologie...* ». Un

7. Cette proposition a été portée par les sénateurs EELV en novembre 2012 mais le Sénat l'a réduite à presque rien en remplaçant la Haute autorité par une Commission nationale sans réels pouvoirs, en dissociant de l'expertise le traitement des alertes et en renvoyant les lanceurs d'alertes vers les ministères. De quoi nos élus ont-ils peur?

8. Selon Paul Deheuvels, le seul statisticien de l'Académie des Sciences, ce sont seulement deux membres de chaque académie qui ont pris, sans concertation, l'initiative de condamner l'article de G.-É. Séralini (site nouvelobs, 19 octobre 2012).

tel comité, forcément riche en académiciens[9] et dépourvu de véritables contradicteurs, serait un outil bien utile pour museler la presse encore critique. On aurait aimé connaître le message d'un tel comité aux moments où les académies savantes ont nié les risques de l'amiante, de la dioxine ou du bisphénol A...

De l'expertise à la décision : la place du citoyen

Il existe un grand malentendu sur la nature de l'activité scientifique aujourd'hui, nombre de décideurs et de commentateurs ne prenant pas en compte son évolution vers la production technologique, et persistant à discourir sur la *connaissance* et les *savoirs fondamentaux* supposés occuper entièrement les laboratoires. On rappellera seulement que, avec la disparition drastique des crédits récurrents, la recherche fonctionne de plus en plus sur contrats. Ainsi, quasiment toute attribution de moyens de recherche (personnels, machines, consommables...) est dorénavant liée à l'approbation d'un projet par les instances scientifiques compétentes (Agence nationale de la recherche, institutions de recherche, Commission

9. Dans un communiqué du 15 novembre 2012, l'Académie de Médecine refuse la création de la HAEA car cela « reviendrait à nier la valeur de l'expertise scientifique et la légitimité des agences et des académies à l'assurer ».

européenne), le plus souvent sur appels d'offres ciblés. C'est dire que pour lancer une recherche il faut en avoir proposé le contenu, décrit les avantages escomptés et démontré l'intérêt témoigné par un acteur industriel. Dans ces conditions, la recherche cognitive se limitera au minimum nécessaire pour exécuter le programme accepté, le but assigné au laboratoire étant la réalisation de sa promesse : une recherche finalisée, le plus souvent pour produire, dans un délai bref et défini, un dispositif ou une molécule susceptibles d'être commercialisés. Cette assignation à la *compétitivité* économique des chercheurs et de leurs productions conduit évidemment au désenchantement du beau métier de chercheur, avec des conséquences déplorables comme la banalisation des fraudes[10]. Mais l'évolution de la science en technoscience[11] devrait aussi remettre en cause l'autonomie de cette activité et la tradition d'en tenir à distance les citoyens, comme le revendiquent encore certains théoriciens[12]. S'il n'est pas question d'obtenir l'assentiment de la population pour mener une recherche de connaissances, on voit mal pourquoi les citoyens ne pourraient

10. Hervé MORIN, « Un "Dr Madoff" de la pharmacie », *Le Monde*, 20 mars 2009 ; John IOANNIDIS, « An epidemic of false claims », *Scientific American*, 31 mai 2011.

11. Jacques TESTART, *Le Vélo, le Mur et le Citoyen*, Belin, 2006.

12. Olivier GODARD, « Est-il légitime de soumettre la connaissance scientifique au débat public ? », *Réalités industrielles*, mai 2007.

pas aviser sur des travaux qui, en préparant des modes de vivre inédits, s'inscrivent comme bien d'autres activités humaines dans le mouvement de la société[13]. Ainsi, les grandes orientations de la recherche technoscientifique pourraient (et devraient) être avalisées par la population puisque c'est elle qui finance ces activités et en supporte les conséquences, positives comme négatives. Ceci est possible si un plan de recherche sur quelques années (par exemple plan quinquennal) est établi à partir des propositions des acteurs de la recherche, puis soumis aux citoyens selon des modalités que nous évoquerons plus loin, et finalement voté par l'Assemblée nationale. Après information approfondie, les citoyens seraient en droit de dire, par exemple, s'ils souhaitent que des crédits importants soient accordés à la production de PGM ou de plantes mutantes, ou bien s'ils préfèrent que la recherche s'investisse enfin dans l'agroécologie ou encore dans la relation entre pesticides et santé.

À côté de ce premier niveau souhaitable d'implication citoyenne en amont, qui ne pourrait concerner que les grandes lignes des projets technologiques, la participation du public serait requise pour valider certaines innovations concrètes, déjà issues des laboratoires. Car même si les programmes de recherche finalisée étaient

---

13. Frédéric Prat, *OGM: la bataille de l'information*, Éditions Charles Léopold Mayer, 2010.

démocratiquement approuvés, bien des productions conflictuelles pourraient sortir des laboratoires, soit parce que le plan quinquennal ne les décrirait pas, soit parce que leurs effets seraient sous-évalués, soit encore parce ces innovations seraient importées, comme la plupart des PGM. Ces dernières années ont vu la multiplication de « procédures participatives » pour recueillir l'avis de la population sur des technologies controversées. Il faut s'entendre sur ce que signifie *participation des citoyens.* Pour nombre de décideurs, et principalement les élus, la participation du public se réduit à l'information (on peut poser des questions à ceux qui savent) et ne dépasse pas la concertation (on peut échanger des avis avec ceux qui décident)[14]. La procédure lancée par le pouvoir (débat public, jury citoyen…) apparaît alors comme un leurre pseudo démocratique pour valider une décision déjà prise. On peut citer en exemple une pratique, imposée par la Commission européenne, pour demander l'avis du public avant d'autoriser une culture de PGM. On a pu constater (avant le moratoire de 2008) que la consultation par internet organisée par notre ministre de l'Agriculture le conduisait invariablement à approuver de telles cultures, même quand les citoyens s'y

14. Bertrand Pancher (député UMP), « La concertation au service de la démocratie environnementale », Rapport au président de la République, octobre 2011.

étaient opposés majoritairement... Si, dans les diverses controverses technologiques, le pouvoir privilégie le *débat public*, seule procédure participative inscrite dans la loi, c'est que cette procédure permet une certaine agitation médiatique tout en garantissant qu'on pourra négliger ce qui s'y est dit. En effet, il n'est pas possible de connaître et de quantifier les diverses opinions exprimées à l'occasion d'un débat public, puisqu'on ne sait pas qui s'exprime, ni avec quel niveau d'information, ni ce que chacun représente d'intérêts particuliers ou de lobbyisme, ni ce que pourraient dire ceux qui sont absents, ni la proportion des uns et des autres dans la population... Si le débat public peut aider dans la construction de politiques locales ou dans un programme d'information, il est inadapté pour élaborer des décisions qui concernent l'ensemble de la nation ou même l'humanité entière, comme c'est le cas pour les PGM pour lesquelles la *conférence de citoyens* nous semble l'outil privilégié.

C'est sur le thème des OGM que le Parlement avait organisé en 1998 la première conférence de citoyens en France. À cette occasion, le jury de citoyens tirés au sort avait exprimé plusieurs propositions pertinentes, entre autres l'exigence que toute la recherche nécessaire soit menée et achevée en laboratoire confiné avant dissémination des PGM dans les champs, ou que toute culture de PGM ne soit autorisée qu'à condition que ses conséquences éventuelles soient couvertes par un système d'assurance. Quinze ans après, ces mesures, pourtant issues d'une procédure sollicitée et contrôlée par une structure du Parlement (l'Office parlementaire des choix scientifiques et technologiques) n'ont toujours pas d'effet réglementaire ! À partir de l'expérience mondiale des conférences de citoyens depuis vingt ans, une procédure précise a été élaborée sous le nom de *convention de citoyens.* Elle a conduit à une proposition de loi[15] parce que le respect des normes procédurales est impératif pour que les décideurs soient incités à prendre en compte l'avis des citoyens. Au contraire du débat public la convention de citoyens se prête mal à la démocratie locale car elle exige que les citoyens tirés au sort soient dépourvus d'intérêts particuliers qu'ils pourraient défendre dans la procédure. Il est par exemple difficile d'assurer la « neutralité » des riverains quand on discute du tracé d'une autoroute ou de l'implantation d'une déchetterie. En revanche, pourvu qu'on s'assure que les citoyens tirés au sort n'ont aucun lien personnel ou familial avec l'industrie ou la culture des PGM, leurs avis seront désintéressés. Encore faut-il que ces avis soient pertinents et c'est là que la convention de citoyens innove : elle prévoit une formation la plus complète possible, répartie sur plusieurs week-ends, et de contenu délibérément contradictoire.

---

15. Voir sciencescitoyennes.org/projet-de-loi-concernant-les-conventions-de-citoyens/

Pour y parvenir, un comité de pilotage est composé avec des personnes ayant exprimé des positions variées sur le thème, objet rappelons-le de controverses publiques. La mission de ce comité est de définir par consensus le programme de formation, et d'identifier les intervenants potentiels. On estime que l'accord réalisé sur ce programme, par des personnes qui divergent dans les solutions qu'elles proposent au sujet débattu, constitue la façon la plus sûre pour approcher l'objectivité nécessaire de la formation. D'autres mesures, comme celles destinées à éviter les pressions des lobbies ou l'abus de position de certains formateurs, complètent ce dispositif dont la vocation est de mettre au jour ce qui est toujours ignoré ou négligé : l'avis de citoyens variés parfaitement éclairés, avis dont on peut supposer qu'il serait celui de la population entière s'il était possible de la soumettre aux mêmes conditions.

De telles conventions de citoyens, aux membres renouvelés à chaque fois, pourraient aviser aussi bien sur les projets de recherche finalisée, comme évoqué plus haut, que sur les innovations ou les technologies déjà disponibles dans la société. Dans ce dernier cas, le travail préalable de comités d'experts, rénovés selon des règles édictées par la HAEA, constituerait un élément précieux pour la convention de citoyens laquelle ne peut pas prétendre à une expertise technique mais est incomparablement bien placée pour produire des propositions synthétiques conformes au bien des humains d'aujourd'hui et de demain, d'ici et d'ailleurs. Certains diront que cette vision du citoyen compétent est naïve ou même idéologique. C'est ignorer de quoi sont capables des personnes ordinaires, au moins celles qui, désignées par le sort, acceptent cet effort pour contribuer au bien commun. Pourvu qu'ils se débarrassent de la gangue abêtissante qui domine dans le quotidien, qu'ils discutent ensemble des éléments variés et complexes qui concourent à la connaissance du problème, les citoyens démontrent le meilleur de l'humanité : altruisme, compétence, imagination, objectivité, conscience de leurs responsabilités et inquiétude devant les incertitudes[16]... Tous les sociologues qui ont suivi de telles procédures dans divers pays témoignent de ce potentiel caché qu'une mise en situation particulière peut révéler.

À condition que la procédure soit irréprochable, ce dont seraient garants des observateurs et des documents filmés, il serait difficile pour les élus de diverger fortement de l'avis des citoyens. Ainsi, un vote individuel leur serait demandé à l'issue d'un débat parlementaire, et leur positionnement les engagerait devant l'avenir

16. Jacques Testart, « Des conventions de citoyens pour la démocratie », *Encyclopédie du développement durable*, avril 2009 (http://www.encyclopedie-dd.org/Des-conventions-de-citoyens-pour).

bien plus fortement que les actuelles décisions, adoptées sans transparence et souvent sous la pression des lobbies. Ce protocole peut être mené simultanément en plusieurs lieux indépendants afin de vérifier que les avis concordent. Pourquoi pas cinq ou dix conventions de citoyens dans quelques pays pour indiquer au Parlement européen si nous voulons des plantes transgéniques ?

Nul doute qu'avec un tel dispositif la question de savoir à qui profitent les PGM trouverait vite une réponse *statistiquement significative...*

En conclusion

Nous avons voulu montrer, grâce à quelques éclairages sur la récente « affaire Séralini », la perversité, la brutalité et la malhonnêteté des attaques contre une équipe de recherche qui rompt avec le discours officiel. On ne peut expliquer cette attitude quasi irrationnelle de certains responsables du développement techno-scientifique[1] que par l'énormité des enjeux économiques et l'imprégnation idéologique. Il est navrant d'entendre sans cesse avancer des arguments fabriqués et des promesses non démontrées pour défendre l'industrie des biotechnologies et ses plantes transgéniques. La vérité est que les multinationales ne souhaitent que maximiser leurs profits en s'appropriant les semences, en couplant leurs plantes brevetées avec des intrants chimiques obligatoires, en réduisant le travail intelligent du paysan à des pratiques stéréotypées, et finalement en visant le contrôle de l'alimentation mondiale.

---

1. Selon la sénatrice Chantal Jouanno (8 novembre 2012) « *les attaques disproportionnées dont les études de G.-É. Seralini ont fait l'objet sont le signe qu'elles mettent le doigt sur un problème de fond* ».

La « science » n'est qu'un cache-sexe dans cette entreprise capable d'orienter le pouvoir politique avec la complicité des structures d'évaluation. Dans ces conditions, la controverse sur l'innocuité des PGM pourrait se poursuivre pendant des dizaines d'années, d'article *imparfait* en protocole *inadéquat* et analyses *insuffisantes*, si on ne change pas les pratiques. Les PGM ressortent d'une technologie à prétention démiurgique mais déjà obsolète et les arguments échangés demeureront sans effet tant qu'ils se cantonneront à des expertises scientifiques. C'est en quoi le débat autour de cette récente publication marque un tournant : que des rats nourris avec une PGM souffrent de tumeurs n'est pas le fait majeur même si cela devrait alerter les centaines de millions de personnes qui consomment des PGM tous les jours... Ce qui vient d'arriver c'est une remise en cause du système qui permettait de cautionner une pseudo science en validant les prétentions de l'industrie. Comme l'écrivait Hervé Kempf il y a dix ans « *tout en affirmant parler au nom de la "science", les chercheurs ont promu les OGM au nom de l'intérêt collectif qu'ils ont réduit à l'intérêt économique, lui-même confondu avec l'intérêt des entreprises*[2]... »

Débarrassées de leurs atours menteurs (nourrir la planète, ménager l'environnement...), les plantes transgéniques vont devoir comparaître toutes nues devant de

2. Hervé Kempf, *La Guerre secrète des OGM*, Le Seuil, 2003.

nouveaux tribunaux co-présidés par l'honnêteté scientifique et la sagesse populaire. Nul doute qu'il persistera toujours des controverses sur les nuisances des PGM, mais ce qui risque d'apparaître clairement c'est que les populations n'en ont aucun besoin ! Les PGM permettent-elles de disposer de produits moins coûteux ? de meilleure qualité ? de meilleur goût ? se conservant mieux ? bénéfiques pour la santé ou pour l'environnement ? Voilà les questions que la stratégie des biotechnologies a permis qu'on ne se pose pas ! L'interrogation la plus audacieuse des autorités a porté sur la manière d'organiser la *coexistence* des PGM avec les autres plantes, même si cet arrangement est définitivement impossible sans préjudices irréversibles. Comme si le droit de cultiver des plantes pesticides et brevetées était acquis selon un principe sacré d'innovation à tout prix. Il y a bien une exception PGM dans l'histoire des nouvelles technologies car, si toutes furent plus ou moins controversées, des arguments pouvaient être avancés par leurs défenseurs : le moteur thermique développe une puissance jamais disponible auparavant, les centrales nucléaires produisent de l'électricité, les nanotechnologies inventent des propriétés inédites pour les matériaux[3]… même si le

3. Significativement, les débats sur ces technologies mettent en avant la compétitivité (en cachant les risques) tandis que les débats sur les PGM portent sur l'innocuité (en cachant l'inutilité)…

revers de la médaille est parfois très chargé de nuisances. Rien de tel avec les PGM où ce sont seulement des promesses qui viennent en défense, avec un aplomb qui les fait passer pour des réalités ! L'industrie des biotechnologies devait appréhender ce moment de vérité en faisant croire périodiquement que les PGM montreraient bientôt des propriétés inédites et précieuses : plantes médicaments, plantes insensibles au sel, à l'aluminium, au manque d'eau, etc. De plus, le système d'évaluation au cas par cas a renforcé l'accent mis sur l'innocuité ou la dangerosité pour chaque PGM en négligeant son absence d'avantage.

Que les PGM soient dépourvues d'intérêt pour les consommateurs est une idée qui crée la perplexité tant dans le grand public que chez les militants anti PGM. Les premiers sont habités par les promesses ressassées de PGM miraculeuses à venir, et aussi par la croyance que toute innovation est forcément un progrès. Les seconds sont surtout rompus à détecter les défauts des innovations imposées. Chez les uns et les autres, beaucoup sont sensibles à des avantages supposés des PGM pour les agriculteurs, en négligeant que de tels avantages ne peuvent être que transitoires et concernent l'agriculture intensive plutôt que les paysans, ceux dont dépend notre avenir. Et, puisqu'on parle d'avantage pour les consommateurs, doit-on accepter un médicament inutile au nom des intérêts de l'industrie pharmaceutique ?

Les risques des PGM demeureront controversés quoi qu'il arrive mais il va devenir obligatoire d'en démontrer les bénéfices. Alors la précaution évaluera de quel côté penche la balance bénéfices/risques… et les bénéficiaires de cette mascarade seront découverts.

Du même auteur

L'Œuf transparent, Flammarion, coll. « Champs », 1986.

Le Magasin des enfants, ouvrage collectif, François Bourin, 1990, rééd. Gallimard coll. « Folio », 1994.

Le Désir du gène, François Bourin, 1992, rééd. Flammarion, coll. « Champs », 1994.

La Procréation médicalisée, Flammarion, coll. « Dominos », 1993.

Des hommes probables, Le Seuil, 1999.

Au bazar du vivant, avec Christian Godin, Le Seuil, coll. « Points Virgule », 2001.

Le Vivant manipulé, Sand, 2003.

Le Vélo, le Mur et le Citoyen, Belin, 2006.

OGM : quels risques ? avec Yves Chupeau, Prométhée, coll. « Pour ou contre ? », 2007.

DANS LA MÊME COLLECTION :

Régis Debray,
Le Dialogue des civilisations: un mythe contemporain, 2007.

Jean Malaurie,
Terre mère, 2008.

Pierre Nora et Françoise Chandernagor,
Liberté pour l'Histoire, 2008.

Michel Maffesoli,
Apocalypse, 2009.

Maurice Godelier,
Communauté, Société, Culture.
Trois clefs pour comprendre les identités en conflits, 2009.

Henri Tincq,
Catholicisme : le retour des intégristes, 2009.

Dominique Wolton,
Informer n'est pas communiquer, 2009.

Alain Bauer, Xavier Raufer,
La face noire de la mondialisation, 2009.

Esther Benbassa,
Être juif après Gaza, 2009.

Michel Maffesoli,
Matrimonium, 2010.

Jean-Robert Pitte,
Le génie des lieux, 2010.

Hervé Gaymard,
Nation et engagement, 2010.

Maurice Godelier,
Les tribus dans l'Histoire et face aux États, 2010.

Philippe de Saint Robert,
Juin 40 ou les paradoxes de l'honneur, 2010.

Jean-François Sabouret,
Japon. La fabrique des futurs, 2011.

François Jost,
De quoi les séries américaines sont-elles le symptôme ?, 2011.

Jean-François Sirinelli,
L'Histoire est-elle encore française ?, 2011.

Emmanuel Pierrat,
Faut-il rendre les œuvres d'art ?, 2011.

Pierre-André Taguieff,
Le nouveau national-populisme, 2012.

Jean-Pierre Machelon,
La laïcité demain – Exclure ou rassembler ?, 2012.

Vincent Hugeux,
Afrique, le mirage démographique, 2012.

Christophe Jaffrelot,
Inde, l'envers de la puissance : inégalités et révoltes, 2012.

Bertrand Badie,
Quand l'Histoire commence, 2013.

Achevé d'imprimer en décembre 2012
sur les presses de la Nouvelle Imprimerie Laballery – 58500 Clamecy
Dépôt légal : décembre 2012 Numéro d'impression : 212198

Imprimé en France

La Nouvelle Imprimerie Laballery est titulaire de la marque Imprim'Vert®